U0296039

筑境

中国精致建筑100

越中建筑

周思源 撰文 钟诒华 摄影

中国建筑工业出版社

出版说明

中国是一个地大物博、历史悠久的文明古国。自历史的脚步迈入新世纪大门以来，她越来越成为世人瞩目的焦点，正不断向世人绽放她历史上曾具有的魅力和光辉异彩。当代中国的经济腾飞、古代中国的文化瑰宝，都已成了世人热衷研究和深入了解的课题。

作为国家级科技出版单位——中国建筑工业出版社60年来始终以弘扬和传承中华民族优秀的建筑文化，推动和传播中国建筑技术进步与发展，向世界介绍和展示中国从古至今的建设成就为己任，并用行动践行着"弘扬中华文化，增强中华文化国际影响力"的使命。从20世纪80年代开始，中国建筑工业出版社就非常重视与海内外同仁进行建筑文化交流与合作，并策划、组织编撰、出版了一系列反映我中华传统建筑风貌的学术画册和学术著作，并在海内外产生了重大影响。

"中国精致建筑100"是中国建筑工业出版社与台湾锦绣出版事业股份有限公司策划，由中国建筑工业出版社组织国内百余位专家学者和摄影专家不惮繁杂，对遍布全国有历史意义的、有代表性的传统建筑进行认真考察和潜心研究，并按建筑思想、建筑元素、宫殿建筑、礼制建筑、宗教建筑、古城镇、古村落、民居建筑、陵墓建筑、园林建筑、书院与会馆等建筑专题与类别，历经数年系统科学地梳理、编撰而成。本套图书按专题分册，就其历史背景、建筑风格、建筑特征、建筑文化，结合精美图照和线图撰写。全套100册、文约200万字、图照6000余幅。

这套图书内容精练、文字通俗、图文并茂、设计考究，是适合海内外读者轻松阅读、便于携带的专业与文化并蓄的普及性读物。目的是让更多的热爱中华文化的人，更全面地欣赏和认识中国传统建筑特有的丰姿、独特的设计手法、精湛的建造技艺，及其绝妙的细部处理，并为世界建筑界记录下可资回味的建筑文化遗产，为海内外读者打开一扇建筑知识和艺术的大门。

这套图书将以中、英文两种文版推出，可供广大中外古建筑之研究者、爱好者、旅游者阅读和珍藏。

目录

越中建筑

在僻处一方的蛮荒之地，忽地冒出一个小小的部族，她居然打败了吴国，进兵山东琅琊，争霸中原。于是，中原大小学者把好奇的目光投向这个部族。经过一番考证和探索后，知道她叫"於越"。"於"，发"语"字音，即"阿爸"、"阿妈"之类的"阿"字。"越"即"戉"，同声假借。"戉"是大斧，刃口锋利，用以打仗，所向披靡。这个小小的部族因善于制造戉器，"以工命姓"，自号"於越"。

新石器时代，石戉十分流行，从众多出土的石戉来看，或稍长，或稍胖，但均又扁又薄，上形方，下形圆，圆口开刃，两侧外翻，样子确如今人所用的大斧。中偏上钻有一个小圆孔，直径数厘米，用于穿索与木柄绑扎，其表面光滑，石纹清晰可见。

这个小小的部族所辖之地南到句无（今浙江省义乌勾嵊山），北到御儿（今浙江桐乡崇福镇），东到鄞（今浙江鄞州区），西到姑蔑（今太湖），广运百里，建都越城（今浙江省绍兴市），而越城恰居越地中心，因而被称为越中之地。

图0-1 石戉/上图
越中出土的石戉，形似大斧，表面光泽，石纹清晰，刃口锋利，用以打仗，所向披靡。越部族因善于制造戉器，"以工命姓"，自号"於越"。

图0-2 石室/下图
在禹陵乡大二房村附近的山上有一石室，建于春秋时期，平面成匚字形，高4米，宽2米余，长30余米。两壁用巨石垒砌，上覆天然条石，古拙雄浑，传为越王勾践休谋之地。中佛龛为后人添加。

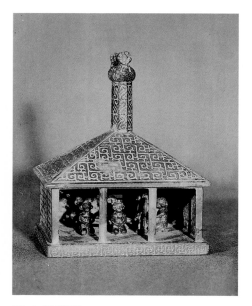

图0-3 铜屋模型
绍兴坡塘乡大型先秦贵族墓葬中出土的铜屋模型。内有六铜俑断发文身，与文献记载越族的习俗相吻合。铜屋从台基立二圆柱，直上承托大屋盖。屋盖四落，中立八棱柱，上有鸠鸟。

关于建筑，史籍有载，当时在越中之地建有斋戒台、怪游台、驾台、离台……，然而沧海桑田，今已荡然，其形态特征，至今仍然是学者精研殚思的问题。《越绝书》上说，越王勾践休谋于乐野石室。如今，经考古发掘，建于春秋的石室在越中有多处。乐野附近的大二房村（今名）恰有石室一座，其高达4米，长达36米，宽达2.1米，面积约75平方米，平面成匚字形，两壁用天然巨石犬牙错叠而成，顶覆巨大的毛石条，用材硕大，古拙壮观，令人惊叹。不过，是不是勾践休谋之地呢？还没有定论。

1982年浙江省文物考古研究所在绍兴城南坡塘乡狮子山脚发掘了一座编号为306号的先秦贵族墓葬，出土了玉耳金杯、青铜鼎等多件珍贵的文物。其中最为珍贵的是一个铜质的房屋模型，模型中有六个铜俑"文身断发"与史书记载于越部族的生活习俗相吻合，故断为越器。铜屋在台基上立圆柱两根，分面阔为三间，正面敞开，后面砌门，左右向以漏空墙隔断，形成开敞的流动空间。四坡屋顶，上饰云纹，从四个方向向中央升起。中心立柱一根，八边形，上饰卷草纹，柱上立一鸟，一说为图腾鸟，一说为司风鸟。铜屋立柱圆滑无棱，直接承托枋子。斜的四坡屋顶，高耸的中柱，柱端的飞鸟等，均使人产生质朴直率之感。联想屋内铜俑短短的头发，光溜溜的身体，与铜屋开敞简洁的空间十分适应。铜屋模型的出土为学人研究于越建筑提供了一条重要的线索。

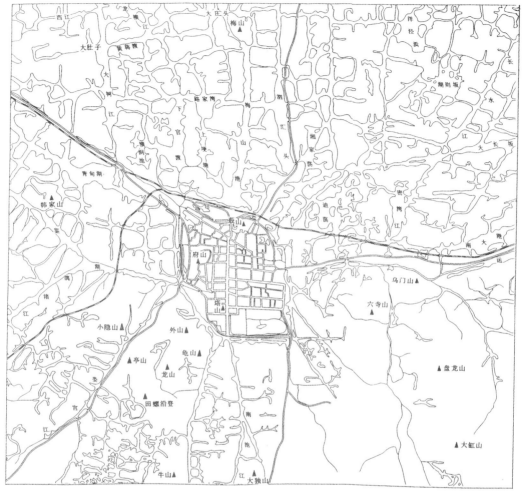

图0-4 绍兴河网水系图

关于这个小小部族的渊源还有一场争论。司马迁曾经说："越王勾践，其先禹之苗裔，而夏后帝少康庶子也，封于会稽，以奉守禹之祀"（《史记》）。另一位学者王充则说："禹到会稽，非其实。……言禹巡狩，会稽于此山，虚也"（《论衡》）。两种观点，针锋相对，各不相让。后世学者论文，或从司马，或从王，数千年相争，尚未公断。但是不论勾践是否为禹之后，其卧薪尝胆，十年生聚、十年教训，卒以雪耻的精神，一直为后世所传颂。明代绍兴学者王思任说："夫越乃报仇雪耻之乡，非藏垢纳污之地，身为越人，未忘斯以。"两千多年来，越中之地出现了许多抗敌的忠贞之士；刘宗周不食死节，祁彪佳投水殉国，葛云飞浴血抗英、秋瑾献身革命，就义于古轩亭口……如今，孕育出这些人物并为他们提供活动舞台的建筑空间和环境，依然散发出令人可歌可泣的信息。

越中之地，绿水青山明净而秀丽，衬托着散发出古老文化芳香的屋宇殿堂。在大街小巷中还保存着英烈们的遗迹，这一切必能使来访者激动一番。你若深入体味一下，或与其他地方相比较，甚至与同是水乡的苏南地区相比，必定会感到越中建筑具有强烈的个性：在柔丽中蕴含着雄浑直率之风，在素雅的格调中流露出古拙悲怆之情。

一、江南水城

筑境 中国精致建筑100

春秋勾践七年（公元前490年），越王勾践臣吴，归越后，为振兴复国，报仇雪耻，命范蠡在会稽山之北的沼泽平原中，先筑小城，后建大城，并迁都于此。此地河道纵横，湖泊众多，东为曹娥江，西为浦阳江，入海可至外越，过吴通陵江（古运河）可达淮扬。越人习水，舟楫又众，亦多舟师，踞此四达之地，进可出师中原，退可留守会稽山。

越城面向北，内有小城即宫城，外有大城即郭城，皆河道环围。小城设陆门四，水门一，大城设陆门三，水门三，注重于水上交通。大城外筑有卫星城堡，其中多驻舟师。越人以此为驻地，生聚教训，而成霸业。

但范蠡也有失算之处，越都其地沼泽泥泞，水涝频繁，洪水猛兽，人为鱼鳖，三江连海，海潮席卷，飓风扫荡，生灵涂炭。越地后人，未忘卧薪尝胆之精神，日复一日，年复一年，艰苦奋斗。至汉代"城内河道渐成，甃砌渐起，桥梁街市渐饰"；至宋代"堰限江河，津迈漕输，航瓯舶闽，浮鄞达吴"；至明代，汤绍恩建三江闸，戴琥立水则碑，城市设施已趋完善，终成"三山万户巷盘曲，百桥千街水纵横"的江南水城。

图1-1 水城一角/对面页

江南水城绍兴，河流纵横、湖泊众多，住宅、商店沿河布置，清逸的水系，多姿的石桥，构成"三山万户巷盘曲，百桥千街水纵横"韵律丰富的城市空间立体轮廓。

重要的水城设施"水则"碑，一通立于城内火神庙前河中，一通立于城外水则牌村，用于调节城市水位，协调农田种植，舟楫交通，涵闸启用之间的关系。碑文曰："种高田，水宜至中则，种中高田，水宜至中则下五寸，……收稻时，宜在下则下五寸，再下恐伤舟楫矣。水在中则上，各闸俱用，至下则上五寸，各闸俱闭。"叙述详尽，似若今天的水文站。

城内古有河道称之七弦，谓城周设有七座水门，沟通七条城河，如七弦古琴，经纬穿梭。水自城南鉴湖流入，直至城北江桥，分流别潴，四通八达，发祥毓秀。七弦如城之血脉，须常舒筋活络，一旦淤滞，百病即生。府河为城中南北主河，"滨河而廛皆巨室。（明）嘉靖四年（1525年），府河为巨室所侵，水道淤溢，蓄泄既亡，旱涝频仍，商旅日争于途，至有斗而死者。绍兴知府南大

图1-2 水则牌村

绍兴城东水则牌村昔日曾立有"水则"，用于调节城市水位，协调农田种植、舟楫交通、涵闸启闭之间的关系。其记事详尽，似若今日的水文站。

图1-3 江桥东望

由斜桥至小江桥的一河段中，两岸列市肆，货船填集，载者卸者鳞鳞然，每壅阻竟日不能通。历代太守常派出诚实小官，制定交通法规、维持交通秩序，以致航运畅通。

越中建筑 ｜ 江南水城

图1-4 河街相依

水城街河分布均匀，布置多变，尚有"一河一街"、"一河两街"、"有河无街"之说。河、街、桥相辅相成，民居滨河而设，栋宇峥嵘，舟车旁舞。

图1-5 水巷/对面页

"有河无街"称水巷。两岸民居壁立丈许，鳞次栉比。小舟穿行，悠哉橹声。洞桥如虹亘，石梁桥横空，一路老酒飘香，不如上岸乐胃一番。老酒糯米做，水城醉客多。

吉乃决沮障，复旧防，去豪商之壅，削势家之侵。……既而舟楫通，利行旅，欢呼络绎。是秋大旱，江河龟坼，越人之收获输载如常，明年大水，居民免于垫溺，远近称忭"（《康熙山阴县志》）。前事不忘，后事之师。

七弦城河，阔处可并三艇，狭处仅容舟。"自昌安门入，由斜桥至小江桥的一段中，两岸列市肆，货船填集，载者卸者鳞鳞然，而舟楫往来如梭箭，每壅阻竟日不能通。究其弊，则因为白篷空船叠泊不散，以致阗塞。清代绍兴太守张椿山派出一名诚实小官，调查丈量附近河身，其中有稍宽的地方，则押令空船分泊各岸，不得聚在一起，严禁叠泊。仍不时往来巡查，犯者杖罚。又立禁碑，嵌在小江桥下，永垂厉禁"（《忠雅堂文集》卷八）。交通警察及交通法规历来有之。

　　水城街河分布均匀，但布置多变，有"一河一街"、"一河两街"、"有河无街"的不同。河、街、桥相辅相成，民居滨河而设，栋宇峥嵘、舟车旁舞。河中漂泊着乌篷船，远处青山为屏，近处碧水倒影。陆游有诗描写这瑰丽的景色："轻舟八尺，低篷三扇，占断萍洲烟雨"，依然为今日所见。

　　有河无街称之为水巷。所谓巷，小而曲折，舟可穿行其间，悠哉橹声。二橹行至屋后，因巷窄，不得已舍橹用篙。夏日河水干涸，两岸壁立丈许，洞桥如虹亘，石梁桥横空。偶尔钻到水阁之下，耳边传来嘻嘻、喊喊之声。一路老酒飘香，不如上岸乐胃一番。老酒糯米做，水城醉客多。

二、水乡集镇

筑境 中国精致建筑100

水城的周围依然是河道纵横、湖塘密布，许多村子被安排在水边，无处不通舟。数村之间设有水乡集镇，成为一定地域范围内物资集散中心。这些集镇选址在水运交通便利的大河交汇之处，依凭优越的水路运输条件，由一船埠头发展而成，并得以维系。集镇中水街、水埠茶馆、酒肆……皆以水为依托，构成形形色色的空间，以满足周围各类人物物质和精神上的需要。这一点可以从至今保存尚好的安昌镇中得到了解。

被称为水乡明珠的安昌镇在城北三十里，唐中和年间（881—884年），武肃王钱镠以八部兵屯羊石寨，后平息节度使董昌的叛乱，故名安昌。安昌镇北有党山、瓜沥两镇，连接萧山棉麻产地。南有华舍、柯桥镇，为重要的丝绸纺织基地。安昌则是两地物资运输中枢。镇中有一条中心大河横贯东西，沟通南北数条支河。河中运输船首尾相接，似巨大的传送带，

图2-1 水乡集镇安昌
被称为水乡明珠的安昌镇，在城北三十里，其地陆地十分珍贵，纵横的河道把它割得支离破碎。商店、作坊、居民住宅被挤在沿河两岸狭长的河岸上，延绵足足达2公里。

往来吞吐。商店、作坊、居民住宅被挤在中心河两岸狭长的河岸上，绵延达2公里。

由于河道的存在，水乡集镇的街道不再担负运输的功能，街上的活动避免冲击，因而街道尺度较小，而且活动丰富。安昌镇的街道分设在中心河道两岸，用青石板墁铺。商店、作坊皆面河开市。每户所占河岸都很小，进深很大，以便获得最多的营业场所。商店面街置可以拆卸的排门板，白天卸去敞开，店内店外空间无法界定。前店后宅、前店后仓、前店后作坊成为这些商店的主要形式。

与商店相对，紧靠河的岸边也摆满各式摊子，摊上商品琳琅满目。摊主不但向街道中过往行人兜售叫卖，而且不时招呼河中行船者泊

图2-2 安昌镇临水建筑

集镇安排在水上，无处不可舟通。建筑临水，水上多少房，水中多少景。忽儿微风飘过，水镇荡漾，如此幽闲恬淡，景不醉人人自醉。

图2-3 雨棚小摊
紧靠河的岸上摆满各式摊子，小贩兜售的叫卖声响成一片，熙熙攘攘，十分热闹。沿河建有雨棚、骑楼，使摊主、店家、买客免遭日晒雨淋之苦。

岸购物。河岸原本不太宽，两边摊子占道后使中间可通行的部分更为窄小。过往行人摩肩接踵，熙来攘往，显得十分热闹。主要街段上建有雨棚、骑楼，使摊主、店家、买客免遭日晒雨淋之苦。店前雨棚是店家夸耀脸面的手段，因此，大店门前的雨棚必然较大，搭设也较为讲究。

镇中心河上有大小各式石桥十余座，沟通两岸交通。两侧小河上还布满各式小桥，人群鱼贯桥上。桥边酒楼临水，酒香四溢，景不醉人人自醉。米行、油坊设于镇头，此处河道较宽，便于农船泊岸。沿河设置较大的上河踏跺，两侧排布各类小摊。时逢秋收，满载稻谷的驳船鱼贯而入，招呼之声此起彼落。

农闲时，四方农户汇集安昌镇，他们有的坐埠船（一种专业客运的农船），有的坐乌篷船、脚划船（用脚蹬桨为动力，用手夹桨控

图2-4 镇头劳作/上图

小河萦回，碧水偎侬。挨户门口筑有踏道。在垂柳拂影之中，村姑埋头洗衣，赤足趟入水中，村童舀水捉鱼，水花四溅。一艘满载稻谷的驳船徐徐驶来，泊至门口，招呼声此起彼落。

图2-5 安昌埠头/下图

农闲时，四乡农户汇集小镇上。他们所驶的大小船只的船头总系有绳索，索头带有铁钩。船泊岸边，随手将铁钩往石砌河岸中一塞，船就被稳稳当当拴住了。仅隔数米即设踏道一座，就近拾级即汇入赶集的人流中。

制航行的小舟）。这些船头系有绳索，索头带有铁钩，船泊岸边时，随手将铁钩钩住石砌河岸，船就被稳稳拴住了。数米间隔设踏道一座，居民可就近拾级上下埠头。

安昌镇东有一段河岸，街河之间又筑起一排小屋，屋向河、向街两面敞开。临河放几张板桌、几条板凳即是茶馆。常有许多人在这里歇脚。冲上一壶茶、一边慢慢地品尝，与邻桌海阔天空乱扯一通，一边留意河中过往船只，若遇熟人便船，打个招呼，搭船回家。这些茶店好比今日的候车室。

三、伴水民舍

儒家说：水柔媚近人，能屈能伸；堪舆家说：气乘风则散，界水则止；渔家说：罛网获鳞，衣食所依；农家说：滋禾润瓜，食饮盥濯。亲水观念早已深入中国人的心底，伴水为舍，似乎天经地义。

越中民居多滨水而筑，古朴淡雅，清幽得趣，高低错落，鳞次栉比。挨家挨户设有下河踏道。站在踏道之上可以买到欢蹦乱跳的鱼虾，新鲜的蔬果。踏道又为私家船埠头，上下船只。夏日炎炎，傍晚一家老小坐在踏道两边，一把蒲扇，纳凉聊天。此时"老鼠今朝也做亲，灯笼火把闹盈盈。新娘照例红衣裤，翘起胡须十许根"。成为姥姥每天要念的经。

图3-1 临水民居与踏道
越中民居多滨水而筑，挨家挨户设有下河踏道。站在踏道之上可以买到欢蹦乱跳的鱼虾，新鲜的蔬果。踏道又为私家船埠头，上下船只，扬波远去。夏日炎炎，又是纳凉聊天的好去处。

图3-2 吕府环以水

明代住宅吕府宅西有西小河，宅南有新河，宅北
有大有仓河，河河相连，环回吕府。沿河设各式
踏道。正门的规整，停泊官船，供住人上下。边
门的简陋，供佣人淘米、汲水，上下货物。

图3-3 史家台门/上图

城中石门槛史家台门厨房临水而设，靠河设外廊，形成小
敞厅，于此开辟了女人杀鸡宰鹅的战场。廊的一端是下河
踏道，淘米洗菜十分方便。

图3-4 三味书屋/下图

鲁迅先生少年读书的三味书屋，建于清代，一石板小桥跨
河，过河建水埠及敞廊，连通数门。小河于此扩大成袋
状，构成独用的船埠头，乌篷船在此停泊，于交通无碍。

三面环河的明代住宅吕府，位于城西北谢公桥河沿。系明代嘉靖年间内阁大学士吕本的私宅，占地四十亩，有十三座厅堂。宅西有西小河，宅南有新河，宅北有大有仓河，河河相连。河中皆设各式踏道（下河踏跺）。宅南为正大门，门前设有双座马面踏道，威风凛凛，停泊明瓦篷（即在船篷上嵌有一片片薄蛎壳片，用来避雨，又透光，越中昔日常见）画花官船，供主人出入上下。宅西为边门，门前的踏道小巧简陋，供佣人淘米、汲水、上下货物。大户人家，财源茂盛，众多的财货依靠河道运输，从边门进出上下，可避免穿堂越舍。宅舍环以河道，河边又耸有高墙，所以形成了一个安定而祥和的内部空间。风水师却另有高见：西小河源自会稽山，源远流长，聚气则旺。环龙山而后折至，故不见源头，谓之天门开。绕到吕府后大有仓，河至此断流，不见水去，谓之地户闭。水主财气，天门开则来，地户闭，则财气不易耗散。吕府主人官拜大学士，精通堪舆学，必先观水而营宅。

　　一般人家决没有像吕府那样的排场。石门槛史宅，建于清末，前后两进皆为楼房。前门通街衢，后门临环山河。厨房临水而设，靠河设外廊。此处后檐墙后退一步架，临水再外挑1米余，使外廊空间扩大，形成了一个方形的小敞厅，于此开辟了女人杀鸡宰鹅的战场。廊的一端是下河踏道，淘米、洗菜十分方便。虽无建筑师的策划，小民精心构作的安乐窝竟如此合理。

◎筑境　中国精致建筑一○○

图3-5　水阁

城中河道狭窄之处，屋宇栉比，两岸商肆民
居，辄悬河建造水阁，横亘河上，连通两岸居
室，为便房密室，或作仓居货，无不获大利。

图3-6 渔舍

越中湖泊星罗棋布，碧水荡漾，正是养鱼的好场
所。为了囚养鱼苗，在湖上拦起一道又一道用竹
做成的箔门。箔门可以启闭，以利往来船只。执
掌启闭的渔翁在湖中搭个小棚子，人称渔舍。

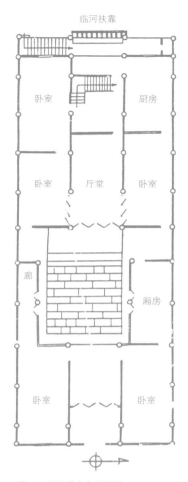

临河扶靠

卧室　　厨房

卧室　厅堂　卧室

廊　　　　厢房

卧室　　　　卧室

图3-7 石门槛史宅平面图

越中建筑 | 伴水民舍

⊕ 筑境 中国精致建筑100

图3-8 吕府平面图（钟剑华 绘）

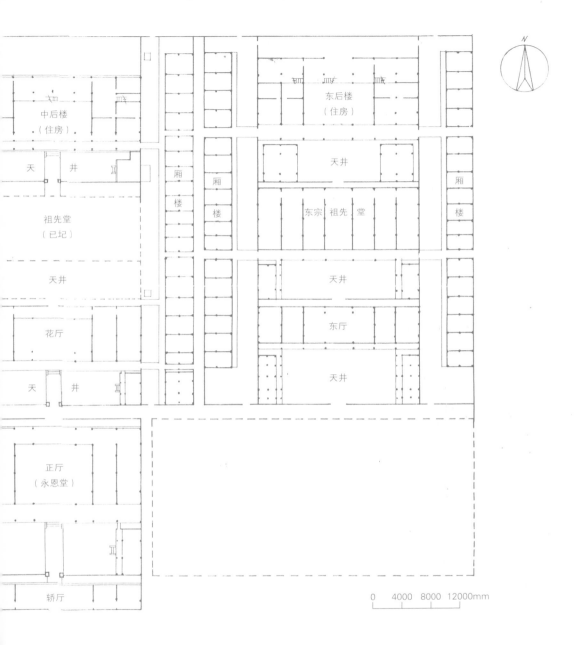

中后楼
（住房）

天　井

祖先堂
（已圮）

天井

花厅

天　井

正厅
（永恩堂）

轿厅

东后楼
（住房）

天井

东宗　祖先　堂

天井

东厅

天井

厢
楼

厢
楼

厢
楼

N

0　4000　8000　12000mm

筑境 中国精致建筑100

有些住宅隔河为街，则是另一番布局。鲁迅先生少年读书的三味书屋，建于清代，屋坐东朝西，平屋数间。屋后小院曾是鲁迅先生捉苍蝇喂蚂蚁的乐园。一石构小桥跨河与都昌坊口街道相连；过河建水埠及敞廊，连通数门。小河于此扩大成袋状，构成独用的船埠头，设有踏道下河，乌篷船在此停泊，于交通无碍。敞廊临水立数根条石，石中有洞，通入毛竹为栏杆，古朴典雅。

伴水之舍尚有水阁。城中河道狭窄之处，屋宇栉比，人烟稠密，两岸商肆民居，辄悬河建造水阁，横亘河上，沟通两岸居室，作为便房密室，或作仓居货，无不获大利。但是水阁低架，甚为舟楫往来之碍，历代官府明文禁止，违者则令限期拆除。不过，在偏僻的小河上，小民则照建不误，大多是建在来往船只稀少之处，当局也就眼开眼闭了。

越中湖泊星罗棋布，碧水荡漾，正是养鱼的好场所。为了囚养鱼苗，在湖上拦起一道道用竹做成的箔门。箔门可以启闭，以利往来船只。执掌启闭的渔翁就近搭个小棚子，人称渔舍。渔舍有大有小，有圆顶坡顶，皆绑扎在插入湖底的粗毛竹上。其四向皆水，人居湖中，往来依靠小舟。居者凭水独酌，洋洋自得。

四、敬祖祠庙

佛教圣地菩萨多，道教洞天神仙多，越中之地与佛道无缘，只好勤敬祖宗，多建祠庙。清人施山在《薑露庵日记》上说："越中风俗详于祭礼，祖宗忌日，必祭必敬，虽远不祧，每岁清明前后旬日祭墓，倾家盛服而出，画船箫鼓，来往如梭，纵百里之遥，十世以上，犹必提罍酒往焉。"

陆游有诗："王师北定中原日，家祭无忘告乃翁。"虽陆游家祭之地已难考证，但类似的建筑比比皆是。昔日，越中书香门第，乡绅世家的住宅中单独建有祖先堂，又称香火堂，用于家祭。绍兴偏门孙钺宅的香火堂尤为讲究。孙钺为明万历间吏部尚书，香火堂为明代建筑，至今保存尚好。三重檐，两侧砌有封火山墙，高高耸立，颇有气派。逢年逢节在堂

图4-1 香火堂
越中书香门第，乡绅世家的住宅中单独建有祖先堂，又称香火堂，用于家祭。绍兴偏门孙钺宅的香火堂尤为讲究，三重檐，两侧砌有封火山墙，高高耸立，颇有气派。

图4-2 永恩堂

吕府正厅永恩堂，七开间，面阔达36.12米，进深达16.19米，如此特大的厅堂竟是祠堂，家祭之地。与他处相比，规模之大堪称江南祠堂之最。

图4-3 禹庙
禹庙在城东6公里的会稽山麓。现存建筑大部
分为清代重建，中轴线上有午门、祭厅、大
殿。又设两厢两庑，东西辕门。皆画梁雕栋，
雄伟壮丽。

图4-4 禹庙午门/上图

图4-5 禹庙祭厅/下图

越中建筑　敬祖祠庙

筑境　中国精致建筑100

a

b

图4-6a,b 王右军祠
/前页及上图
书圣王羲之官拜右将军。王右军祠建在风景秀丽的书法圣地兰亭。祠墙外环以水，水中遍植荷花，中有墨华池，上建墨华亭，极为典雅，如今已成为海内外书法家朝圣之地。

内悬挂列祖列宗的神像，设五供（烛台、香炉之类），置祭礼（全鸡、全鸭、果品之属），本家子弟必进香火堂磕头跪拜，行孝礼、尽孝道。此谓越中大事，前后要折腾二十多天。

明代大型住宅吕府十三厅中的正厅永恩堂，空间特大，七开间，通面阔达36.12米，通进深达16.19米。构件粗大，檩径有35厘米，椽径有12厘米，柱径达55厘米。江南其他厅堂多用五架梁承重，而永恩堂竟用上长11米，腹径80厘米的七架梁，实为罕见。然而，如此特大空间，用特大构件的正厅永恩堂竟是祠堂，家祭之地也。与他处相比，规模之大堪称江南祠堂之最。

古书上说："越王勾践，其先禹之苗裔……封于会稽，以奉守禹之祀。"此说虽无定论，但越中祀禹之俗确实源远流长。汉代已有记载的大禹祠，庙在城东6公里的会稽山

图4-7 舜王庙

舜王庙前瞰舜江，后临旷野，远山环抱，烟村掩映，为溪山绝胜之地。有石阶百余级，从溪边拾级直达山门。入门有重檐戏台，面对正殿。周环厢楼，兼作观戏用。

图4-8 舜王庙戏台

麓。现存建筑大部分为清代重建。在中轴线上有午门、祭厅、大殿。又设两厢、两庑、东西辕门，是一座宫殿式的古建筑群，画梁雕栋，雄伟壮丽。午门前有岣嵝碑亭，铭传为夏禹治水时所书。庙东侧有窆石亭，中立圆锥状窆石一块，高2米，传为夏禹下葬的工具。石上刻有汉以来铭文多种。禹祠周皆红墙环围，亦颇有气势。

书圣王羲之虽为山东琅琊（今临沂）人，后因历任会稽、山阴内史和右将军，携家移居会稽，其后世子孙立祠奉祀。王右军祠建在风景秀丽的胜地兰亭。祠周围有砖墙，墙外环以水，水中遍植荷花。前设门屋，后设厅堂，两

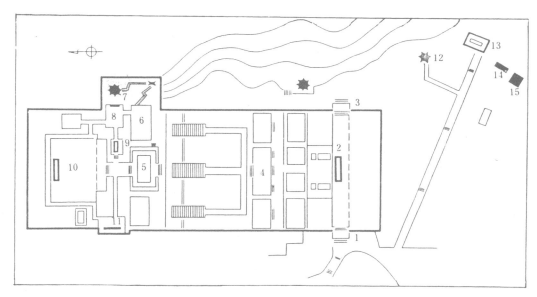

1.西辕门；2.岣嵝碑亭；3.东辕门；4.午门；5.祭厅；6.碑房；7.窆石亭；8.东庑；9.御碑亭；10.大殿；11.西庑；12.咸若古亭；13.大禹陵碑亭；14.禹穴辩碑；15.禹穴亭

图4-9 禹陵、禹庙平面图

图4-10 舜王庙平面图

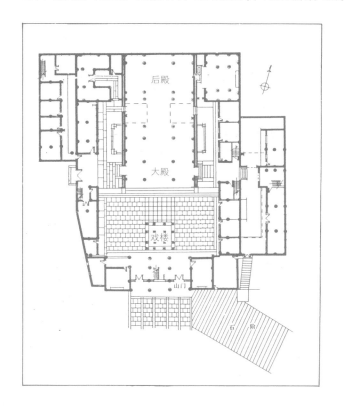

越中建筑　敬祖祠庙

筑境　中国精致建筑100

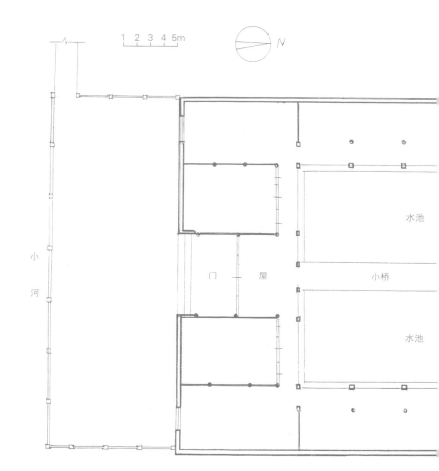

小河

1 2 3 4 5m

N

水池

小桥

水池

门　屋

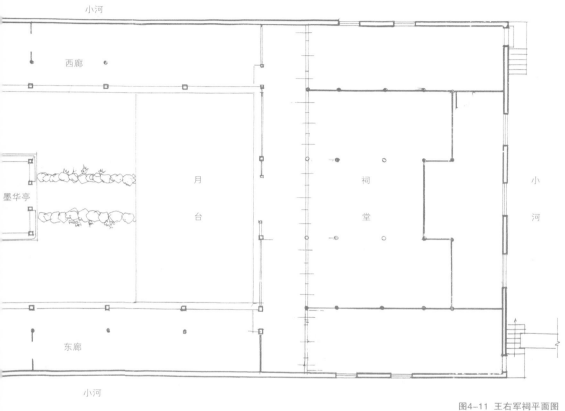

小河

西廊

墨华亭

月
台

祠
堂

小
河

东廊

小河

图4-11 王右军祠平面图

侧廊屋相连，中有墨华池，上建墨华亭。正屋悬有王羲之像，两边有楹联："深林间散新添笋，曲沿时戏旧放鱼"，横匾"尽得风流"。两侧廊壁上嵌有唐宋以来各大书法家摹写《兰亭集序》的摹本刻石，还陈列有历代书法精品，文化气氛浓郁。如今，王右军祠已成为海内外书法家汇聚之地。每年农历三月初三，群贤毕至，少长咸集。时鼓乐齐鸣，热闹非凡。

传说中国第二代帝王姓姚，名重华，其先国于虞，故号虞舜。今越中上虞为其故地，尚存历山、舜井等多处舜迹。而其地姚姓奉舜为始祖，建有舜祠、舜庙，世代崇奉。现存的舜王庙在绍兴城东南43公里的舜王山巅，重建于清代咸丰年间，同治元年（1862年）重修。此地前瞰舜江，后临旷野，远山环抱，烟村掩映，为溪山绝胜之地。有石阶百余级，从溪边拾级直达山门。入门有重檐戏台，面对正殿。周环有厢楼，兼作观戏用。舜王庙以雕刻艺术著称，它集木雕、石雕、砖雕于一堂。雕刻内容多结合当地风土人情，题材广泛。"文武财神"、"和合二仙"、"刘海戏金蟾"、"刘海戏钱"、"渔樵耕读"……皆栩栩如生。舜以孝感动天地，正殿雀替上雕刻有"二十四孝图"，最为生动。

五、循礼古台门

越中多"台门"。何谓"台门"？初涉绍兴者对此不免有好奇之心。其实，在绍兴，凡像样一点的住宅通称台门。不过，"台门"出典尚早，《春秋公羊》上说："天子诸侯台门，天子外阙两观，诸侯内阙一观……"，可见，台门是住宅的古称，只是他处已经忘却，而越中称谓至今。

城中东街有张家台门、李家台门，即这家主人姓张、姓李。南街有刺史台门、都督台门。即其祖上曾居此官。西街有朝东台门、朝北台门，即宅向朝东、朝北。门口有旗杆、八字照墙，得称"旗杆台门"、"八字台门"。另外，大门钉上竹丝，就得称"竹丝台门"，

图5-1 周家台门

绍兴城内保佑桥周家台门，为周恩来祖上世居之地。1939年3月，周恩来以国民政府军事委员会政治部副部长之职回绍祭祖，宣传抗日救亡，周家台门中曾热闹过一阵子。

图5-2 周家老台门侧屋

都昌坊口周家老台门系文豪鲁迅先生祖居，纵轴两侧建有侧屋，屋前有廊。族中红白喜事，重门大开，但吴妈、祥林嫂只能在侧屋中绕行，万万不可穿堂越舍，以犯禁忌。

装上石门框，就得称"石库台门"。名目繁多，不胜枚举。

绍兴城内保佑桥有座古老的明式台门，宅主姓周，人称周家台门。据说康熙年间周家的一位老祖宗寿至百岁，巡抚赐"百岁寿母之门"匾，故亦称"百岁堂"。百岁堂出过不少大官，其中知名度最大者当数已故的周恩来总理。1939年3月，周恩来以国民政府军事委员会政治部副部长之职回绍祭祖，宣传抗日救亡，此地曾经热闹过一阵子。周家台门三间三进，前为门斗，中间置六扇竹丝门，表明宅主

循礼古台门

筑境 中国精致建筑100

图5-3 蔡元培故居/上图

笔飞弄蔡家台门为学界泰斗蔡元培先生故居。
先生出生于此，并在此度过了童年时代。台门
始建于明代，至今仍保存着众多的明式构件，
古朴典雅。

图5-4 蔡元培故居仪门/下图

蔡元培故居为门屋、大厅、座楼三进式布局。
门屋后置一方很大的天井作过渡。天井用青灰
石板一铺到底，外加仪门用的石墙基、石门
框、石天盘、石门槛，刻板冰冷。

为官宦世家、书香门第。边间设小门各一扇，供佣人进出。中为大厅，是举办红白喜事，商议族中大事之处。后为座楼，为一家老少居住之地。座楼前有两厢，较窄小，权作客房，宾主有别。各进间隔有天井，当地俗称"明堂"，昔日就此祭拜天地，烧香拜菩萨。此处厅堂中还保留着《营造法式》中提及，而实例少见的古制构件：丁华抹额栱（当地俗称蝴蝶木）、上昂丁斗栱、上昂插栱等，表露宅主循规蹈矩之心。

城内都昌坊口周家老台门系文豪鲁迅先生祖上世居之地，今保存尚好。为纵向展开院落式组合，依轴线依次为门屋、厅堂、香火堂、座楼，建筑平面规整。

厅堂虽为五开间，但在次间与尽间之间封以墙，分以屋脊，从形式上改成三开间厅堂另加两侧屋，以循"六品到九品厅堂三间七架"之礼。台门内有天井三方，方方皆用青灰石板墁铺，不置园苑，无泉石之乐。符合"不许在宅前屋后多占地，构亭馆、开池塘"之制。

纵轴两侧建有侧楼。长辈或嫡子嫡孙住座楼，晚辈、旁支和杂佣之人住侧楼。座楼为尊，侧楼为卑，尊卑分明。座楼在台门的最后一进离大门足达50余米，千金小姐居住其间，几乎与世隔绝。"其男女屏浮靡不事，严内外以礼"（《山阴县志》）。

图5-5 蔡元培故居平面图（周思源 钟剑华 绘）

筑境
中国精致建筑100

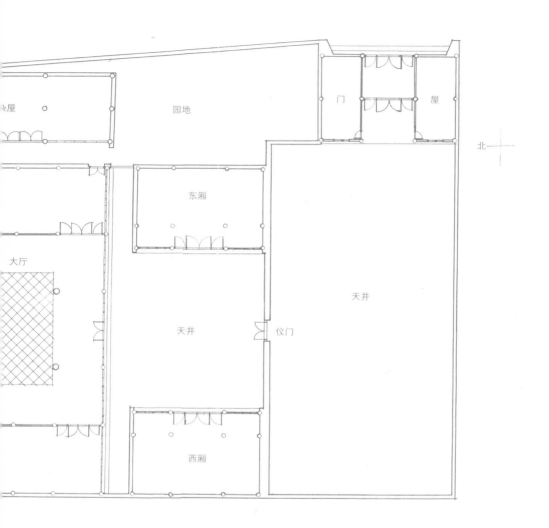

厨屋 园地 门 屋

北

东厢

大厅 天井 仪门 天井

西厢

主体建筑中轴辟门，两边侧屋的屋前有廊。族中有红白大事时，重门才大开，但吴妈、祥林嫂、阿Q、小D之辈只能在侧屋中绕行，万万不可穿堂越舍，以犯禁忌。

绍兴笔飞弄蔡家台门为学界泰斗蔡元培先生故居。先生出生于此，并在此度过了童年时代。台门始建于明代，至今仍保存众多的明式构件，古朴典雅。亦为门屋、大厅、座楼三进式布局，只是门屋坐西朝东，大厅、座楼皆坐北朝南，门屋后置一方很大的天井及仪门作过渡。天井用青灰石板一铺到底，外加仪门用石墙基、石门框、石顶盘，刻板冰冷。门屋虽进深仅四步架，步深亦仅1米余，却在明间前檐辟头门，分心柱间辟二门，二门俗称"应门"。《诗·大雅·绵》上说："乃立应门，应门将将"，称谓尚古。应门中间二扇较大，若无红白喜事，常年紧闭不开，两旁小门供人出入。门上曾挂有横匾一方，上书"翰林及第"，虽后裔并不出人头地，匾也十分破烂，总舍不得移去。"家矜谱系，推门第，品次甲乙"（《山阴县志》）。想当年，蔡元培先生在座楼东首第一间楼上挑灯夜读，孜孜不倦，终成一代大儒。儒以礼为本，台门之中循礼的做法也就成为必然。

六、鬼斧神工之园

筑境 中国精致建筑100

图6-1 采石场
绍兴本地多产青灰石材，因建设需要，人们相继开山取石，柯山下今尚存采石场。石材在数十米深的穴坑下，石工用数架木梯相接作交通，上下攀援；劳作之艰苦，环境之险恶，令人难以置信。

图6-2 吼山石宕/对面页
著名的残石景园有吼山，吼山又名狗山，相传越王勾践曾在此养狗。山之西有"水石宕"，山秀石奇，潭深水寒。潭东北隅，石梁横飞，下有岩洞，深渊平波。

"凿石出奇文，满壁藤萝存鸟迹。自天倚长剑，四山风雨作龙吟。"

楹联不知何人所作，赞的是越中的残石景园。何谓残石景园？绍兴本地多产青灰石材，为建设需要，人们相继开山取石，累年积月，留而不采的岩石构成具鬼斧神工之貌的残石景园。

著名的残石景园有吼山，吼山又名狗山，相传越王勾践曾在此养狗。山之西有"水石宕"，山秀石奇，潭深水寒。潭东北隅，石梁横飞，下有岩洞，深渊平波。明代越中名士徐渭有诗赞曰：小桥一洞莲花蠟，大厦残虹撑水

图6-3 吼山烟萝洞

鬼斧神工之貌的烟萝洞，的确是人们开山取石
时，由留而不采的岩石所构成。满壁藤萝存鸟
迹，盈洞烟云作龙吟，如此由人工构作的残石
景园他处少见。

面。江妃水面不禁寒，却来人世开宫殿。

经水石宕过桥，有孤岩兀立山腰，一是
"棋盘石"，长石壁立，上擎三块巨石，乃神
仙弈棋处。二是"云石墩"，石墩下细上粗，
顶部平卧椭圆形巨石，摇摇欲坠，其间常有云
雾袅绕，令人惊叹。清人平度有诗：

> 狮子林开峭壁前，吼来惊到野狐禅。
> 盘陀削就凝双碧，仿佛飞云落九天。

柯岩，又一处残石景园，在城西12公里柯
山脚下。《越中亭园记》上说："柯山石宕是
越大夫范蠡筑越城时所蓄，有穴为室，汇水成
沼池，池中清澈见巨鱼数百头，来回晃动，游
观极盛。"

图6-4 吼山棋盘石、云石墩
吼山中有孤岩兀立山腰，一有"棋盘石"，长石壁立，
上擎三块巨石，乃神仙弈棋处。二有"云石墩"，下细
上粗，顶部平卧椭圆形巨石摇摇欲坠，其间常有云雾袅
绕，令人惊叹。

图6-5 柯岩云骨

柯岩云骨高约30米，底径仅4至5米，耸立如
锥，时有崩塌之险。顶上古柏苍翠，虬枝盘
曲，拔拂云岫，"云骨"之名不诬。

柯岩胜景，一曰云骨，为取石后留下的孤岩，高约30米，底径仅4至5米，耸立如锥，时有崩塌之险。顶上古柏苍翠，虬枝盘曲，拨拂云岫，"云骨"之名极为传神。

二曰大佛，在离云骨数米处，又有孤岩独起，岩顶似华盖，两侧似佛幔垂挂，一佛端坐其中，法相慈祥。《柯山小志》上有记载："石佛高达五丈六尺，相传隋朝开皇年间，有石工发愿为此。然石佛尚未成就，人已去世。禅于其子，子再禅于孙，竭三世之力才成。"

三世成佛尚短，另有七世成佛的羊山造像。羊山造像在城西北20公里的下方桥镇。隋开皇年间，越国公开山取石增筑越城，城成石残。残石如屏，围合成大大小小的空间。其间石似锥刺破青天，潭深似直达龙宫，前后左右的石壁似垂幔，其上苔藓万点。壁隙间忽地冒出一佛寺，钟鼓声轻轻飘来，回荡在壁潭之间，令人有缥缈若仙的感觉。寺名石佛寺，中有石佛一尊，高15米，丰颐秀目，即七世所成之佛。龛壁有石刻记事，字迹苍劲。殿外摩崖上有题刻多处，其中有一首七绝诗文道出妙处所在：

石刹更兼石山拥，佛殿巧筑如人工。
寺内幽绝胜仙境，临登鸟瞰景惊人。

东湖残石景园更令人称绝，其地如一水石大盆景，崖壁深潭，峭岨险要，虬枝苍枯，藤萝蔓延，苔藓布壁，水迹斑驳，虽由石工取石

图6-6 柯岩石佛
离云骨数米处，又有孤岩独起，岩顶似华盖，两侧似佛幔垂挂，一佛端坐其中，法相慈祥。相传为隋开皇间有石工发愿为此，竭三世之力才成。

图6-7 下方桥石佛寺/后页
城西北20公里下方桥镇羊山，其地有残石如屏，围合成大大小小的空间，其壁隙间忽地冒出一佛寺，钟鼓声轻轻飘来，回荡在壁潭之间，令人有缥缈若仙之感觉。

图6-8 东湖奇崖
东湖残石大景园，其如一水石大盆景，崖壁深潭，峭岨险要，
虬枝苍枯，藤萝蔓延，苔藓布壁，水迹斑驳，虽由人作，宛
自天开，鬼斧神工般的奇景，天下少见，令人叫绝。

而成，却宛如天开。它毫不掩饰其粗犷而柔媚
的质地，袒露着岁月留下的痕迹。取石留下的
条条凿痕记录着多少石工的血汗，满壁青苔诉
述着岁月的流逝，其鬼斧神工般的奇景，令人
叹为观止。诗人郭沫若1962年游东湖后赋诗
一首：

箬簹东湖，凿自人工。

壁立千尺，路隘难通。

大舟入洞，坐井观空。

勿谓湖小，天在其中。

七、雄浑直率之风

筑境 中国精致建筑100

图7-1 水上戏台

城东安城尚存一处水上戏台，三面环水，一面靠岸。台基若桥墩，粗壮敦厚，颇显雄浑。上用数条大石枋，直来横去搭成井字架，手法何等直率。又石料粗大，未经细凿，其形古拙。

图7-2 卧龙山园/对面页

绍兴城内有座卧龙山园，因山势蜿蜒若卧龙而名。园以真山取胜，上有越王台，飞檐翘角，气宇轩昂。盘磴而上，可登至龙山主峰，建有望海亭，为城中览胜之地。

看戏是有味的，看"绍兴大班"（绍剧，地道的绍兴家乡戏）味儿更浓。其唱腔粗犷，高亢激昂，伴奏器以板胡为主，斗子为辅，外加唢呐、梆笛，打击乐器用大锣大鼓大钹，气势雄浑。表现手法有"打短手"、"九窜滩"、"甩桌子"等，十分质朴。旧时，演"绍兴大班"的戏台，多在露天，甚至在水上，因无扩音设备，声嘶力竭，狂敲劲奏在所难免。露天戏台现存尚多，其中安城水上戏台保存较好。安城在绍兴城东10公里。春秋时，"勾践伐吴，擒夫差，以为胜兵，筑库高阁之"（《越绝书》），故名安城。戏台筑于河中，三面环水，一面靠岸。台基若桥墩，粗壮敦厚。数根长条石横向叠至河床作墩，再用

数条大石枋搭成井字架，上架木柱、木梁及台板，建造手法直率。又石料粗大，未经细凿，其形古拙。

绍兴残存的园林不多，凡一游越中园林者，往往感受到一种不同于江南园林，特别是苏州园林的风格，它在江南秀丽柔美的格调上蕴含几分雄浑直率。绍兴城内有座卧龙山园，因山势蜿蜒若卧龙而名。园以真山取胜，南宋诗人陆游有诗：

> 危磴盘纡上翠微，倚天楼观碧参差。
> 雨来海气先横鹜，风恶松柯尽倒垂。

图7-3 兰亭方池直岸
著名园林兰亭周边无围墙，园内园外融为一体。入园"崇山峻岭"随处可见。园中多方池直岸，青灰石板铺设的池岸直来横去，显得雄浑直率。

昔有越王台，规模宏大，"周六百二十步，柱长三丈五尺三寸，霤高丈六尺，宫有百户"。今重建越王台、殿，飞檐翘角，气宇轩昂。盘磴而上，可登至龙山主峰。昔越大夫范蠡在此建飞翼楼，以压强吴，今建望海亭，

图7-4 青藤书屋

徐渭故居青藤书屋，庭院很小，书屋仅间半，然清幽绝俗。靠书屋东山墙筑有花坛，环以黄石，内种黄杨，高不过齐腰，却美其名曰"自在岩"。

远眺北海。抚栏四顾，"远山入座，如列屏障"。宋王十朋有赋："秀阅千岩，流观万壑，纵远目于东州，畅幽怀于寥廓……"，雄浑之情昭然。

越中著名园林兰亭，在城西南12.5公里的兰渚山下，虽始建于晋代，但园址几经搬迁，现存的应属明代嘉靖二十七年（1548年）绍兴郡守沈啟在荒墟榛莽中重建的兰亭。然而其地仍处"崇山峻岭，茂林修竹，又有清流激湍，映带左右"的佳境之中。园中有鹅池、小兰亭、流觞亭、御碑亭、王右军祠等景点。其中御碑亭内立巨碑一块，高6.8米、宽2.6米、厚0.4米，重达3600余斤，为江南他处园林中

图7-5 青藤书屋方池
青藤书屋南辟有小天井，立月门相通，额曰"天汉分源"。天井中开方池，传说不涸不溢，雅号"天池"。池中立有一石，上刻有"砥柱中流"。池边植青藤，绿荫盖屋。

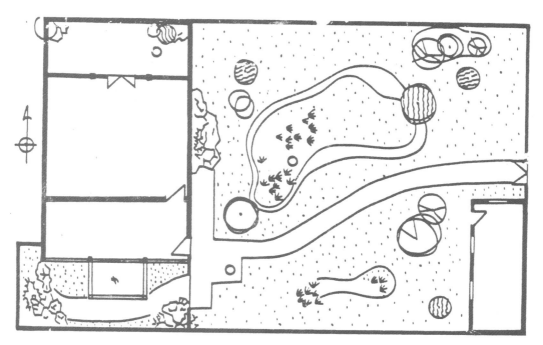

图7-6 青藤书屋平面图

少见。园中多方地直岸，青灰石板铺设的池岸直来横去。周边无围墙，园内园外融为一体。入园可"仰视碧天际，俯瞰绿水滨。寥阅天涯观，寓目理自陈"。雄浑之情得以物化。

明代杰出文学家、艺术家徐渭的故居——青藤书屋，在城内前观巷大乘弄内。庭院很小，占地不到一亩，书屋仅间半，但清幽绝伦，备受世人青睐。

入园，靠书屋东山墙筑有花坛，围环以黄石，内种有黄杨，高不过齐腰，却美其名曰："自在岩"。屋南辟有小天井，有月门相通，额曰"天汉分源"。天井中开方池，长宽不过4米，深近三尺余，却说其不涸不溢，似通天泉，雅号"天池"。池中立有一石，不足一尺见方，上竟刻有"砥柱中流"。池边植有青藤，绿荫盖屋，立碑铭曰："漱藤阿"。书屋中悬徐渭手书板匾"一尘不到"。两边有楹联："未必玄关别名教，须知书户孕江山"。袁宏道谓徐渭"英雄失路，托足无门"，"其胸中有勃然不可磨灭之气"。小小园林中到处洋溢着雄浑之风。

八、悲怆之情

苏州、绍兴同称水乡两姐妹，但到过两地的人总觉得两地民风有异。左思《吴都赋》上说："吴愉越吟"。吴地民风愉快，越地悲怆。苏州名酒"醇香酒"味甘如蜜；绍兴名酒"加饭"苦中带涩。苏州人做菜加把糖，甜蜜蜜；绍兴人爱吃霉干菜、霉豆腐，苦滋滋。苏州人刺绣，鲜丽飘逸，为活人享受；绍兴人作锡箔，为死人服务。

昔日，绍兴素有"锡半城"之称，几乎有半城的人从事锡箔生产和销售。锡箔作坊、锡箔庄遍布大街小巷。传说此业源起于囚徒劳作，锤打者半跪半蹲于地上，双脚似有镣扣住，不能伸展，苦不堪言，充满悲怆之情。锡箔庄把锡箔纸连土纸发给砑纸工，砑锡箔纸用来糊银锭，作冥币，是发放给家鬼的月薪，逢年逢时在祭祀中发放。或人死后为鬼作买路钱，权作红包，请求阴官们多多关照。如今，锡箔庄生财有道，锡箔纸远销南洋，电动砑纸

图8-1 锡箔作坊
昔日，绍兴素有"锡半城"之称，几乎有半城之人从事锡箔生产和销售。如今，锡箔庄生财有道，锡箔纸远销南洋，电动砑纸现代化，唯锤打锡锭尚需手工，电脑尚未深入这个角落，悲怆之情犹存。

图8-2 秋瑾卧室

秋瑾故居在城内和畅堂，今已修复。秋瑾卧室
按原状布置木床、书桌、方桌等先烈生前用过
的原物。床边墙上挂着先烈的男装照片，另一
边，密室洞开，当年曾在该处匿藏枪支弹药。

筑境　中国精致建筑100

现代化，唯锤打锡锭尚需手工，电脑尚未深入这个角落，悲怆之情犹存。

越王勾践为报仇雪耻，"苦身劳心，夜以继日，日卧则攻之以蓼，足寒则渍之以水，冬常抱冰，夏还握火，愁心苦志，悬胆于户，出入尝之，不绝于口，夜潜潜泣泣而复啸。"言极悲怆，悲怆之情又传于后世，后世越中之士多具忧国忧民之情，为国捐躯者史不绝书。为凭吊先烈，越中诸多建筑尚存悲怆之情。

秋瑾故居位于绍兴城南飞来山南麓，屋宇五进，坐北朝南，背倚青山。屋名和畅堂。秋瑾的祖父秋嘉禾自闽返里，典居此屋。秋瑾在此习文练武，度过了少女时代，后秋瑾回绍主

图8-3 秋瑾纪念碑
城中闹市区轩亭口是秋瑾烈士抛头颅、洒热血的地方。为缅怀先烈，如今默默地耸立着一通秋瑾纪念碑，碑素装深沉。碑铭由蔡元培先生撰文，于右任先生书写。

图8-4 徐社

大通学堂是辛亥革命时期，光复会领袖徐锡麟、陶成章、秋瑾为培养反清武装骨干而创办的一所学校。如今第三进辟为"徐社"，凭吊英魂。社内陈列着徐锡麟烈士的血衣、绝命词，充满悲怆。

持大通学堂期间，这里又成为她从事反清革命的主要场所之一。现在，秋瑾故居也经修复，卧室已按原状布置木床、书桌、方桌等先烈生前用过的原物。床边墙上挂着先烈的男装照片，目睹先烈的笑容，吟诵着先烈的绝命词"秋风秋雨愁煞人"，催人泪下。

绍兴城中闹市区轩亭口，今日车水马龙、灯红酒绿。在丁字形道路中心默默地耸立着一通秋瑾纪念碑。碑素装深沉，告诉人们这里曾经是刑场，秋先烈在此抛头颅洒热血。鲁迅先生的笔下记录了昔日的场景："在刑场的夜色中，鬼似地徘徊着古怪的，眼里闪出攫取的光"，"半圆的聚成与猝然无声的散开"，"浑身黑色眼光像刀的人"……字里行间，阴森可怖，冷得入骨，犹如无形的泪、无声的哭，为先烈致哀。冷益深，悲怆之情愈甚。

大通学堂在绍兴城内古贡院，是辛亥革命时期光复会领袖陶成章、徐锡麟为培养反清武装骨干而创办的一所学校。1907年秋瑾任督办后，以此为据点，组织光复军，策动起义，不幸失败被捕。那时，清军血腥屠杀学员，学员持枪拒捕，学堂内溅满先烈们的鲜血。如今大通学堂已经修复。学堂的第二进耸立着秋瑾塑像，素装执剑，洁白无瑕，且带凄凉的感受。第三进是当年的讲堂，现辟为"徐社"，凭吊徐锡麟。室内陈列着徐锡麟生前制作的地球仪，绘制的地图、击毙恩铭时所用的手枪，临刑前所作的绝命词、血衣……缅怀先烈的遗物，心中充满悲怆之情。

九、尚黑之色

越中建筑

尚黑之色

图9-1 周家新台门
周家新台门是鲁迅先生出生的地方，并在此度过了童年时代。颇有意味的是门屋的外墙用煤黑与牛胶合成的浆料反复涂上几遍，以致乌黑发亮，黑墙之中还镶嵌着两扇黑漆石库门。

阿Q所戴的帽子，顶圆、色黑，人称乌毡帽。到绍兴游览的人，总喜欢买一顶作留念。《阿Q正传》中，举人老爷从城里装载家财到未庄赵府避难，所用的船称乌篷船，绍兴独特的水上交通工具，用篾篷漆成黑色而得名。绍兴饭店有道名菜，称乌干菜烧肉，菜色乌黑，鲜嫩清香，吃了还想吃。绍兴王星记扇厂生产的黑纸扇，扇上涂有柿漆，既能生风，又可蔽日、遮雨，有"一把纸扇半把伞"之称，深受绍兴人喜欢。如此皆围绕着"黑"字。

古书上也有越人尚黑的记载。《管子·小匡篇》说越人"雕题黑齿"。雕题指脸上刺上黑色纹样，黑齿即用草把牙齿染成黑色。又

《吴越春秋》记录了勾践夫人入吴前所吟的诗："离我兮去，妻衣褐为婢。"言穿着黑色的衣服入吴为婢，越中尚黑之俗源远流长。

　　在城中都昌坊口有一幢朴素庄重的台门，鲁迅先生在此出生，并度过了童年时代，人称周家新台门。颇有意味的是其门屋的外墙用煤黑与牛胶合成的浆料反复涂上几遍，以致乌黑发亮。黑墙中嵌着两扇黑漆石库门，这原系台门的边门，原来正中大门还有六扇黑漆竹丝门。即木门外再用黑色的竹丝条条排钉一层，可防晒防盗。顶部覆以最常见的黑瓦，远远望去一片漆黑。

图9-2 徐锡麟故居
乡下的农舍也常把外墙涂成黑色。位于城北东浦镇上的徐锡麟故居，系徐锡麟出生和少年生活处，今已全面修复。门屋外墙涂成黑色，其上为常见的黑瓦，远远望去，一团漆黑。

图9-3 流觞亭
绍兴兰亭，风光秀丽，故而吸引多少骚人墨客雅集流觞。然雅集之处的流觞亭竟用墨黑的柱子承重，门窗也接近墨色，再加上陈列着用墨写成的黑字，黑运咸亨。

城中民居如此，乡下农舍也相仿。著名作家戈宝权先生在《漫谈鲁迅笔下的绍兴风情（代序）》中写道："1977年7月初，第一次从杭州到鲁迅先生的家乡，首先是公路两旁涂成黑色和勾画出白色线条吉祥图案的农舍……引起我的注意。"处于东浦镇上的徐锡麟故居通墙都涂得墨黑。

绍兴兰亭，王羲之有云："……引以为流觞曲水，列坐其次，虽无丝竹管弦之盛，一觞一咏，亦足以畅叙幽情。"故而吸引多少骚人墨客雅聚流觞。然雅集之处的流觞亭竟用墨黑的柱子承重，门窗也接近黑色，再加上陈列着用墨写成的黑字，黑运咸亨。另一旁的御碑亭，八角形，坐落在八角平台上，中有灰黑色的御碑，上刻康熙、乾隆的墨宝。按常规凡与皇帝有关的建筑物总是金碧辉煌，此亭则不然，16根墨黑的柱子拔地而起，上连黑色的枋子。如此，外地游客总是看不顺眼，而越中之人却自鸣得意。

图9-4 御碑亭

兰亭御碑亭，中立灰黑色的御碑，上刻康熙、
乾隆墨宝。16根墨黑的柱子拔地而起，上连黑
色的枋子，顶覆以黑色筒瓦，皆与黑色结缘。

　　传说包拯日断人间冤狱，夜理阴间公案，特别灵验。越中乡村多建殿，胜过土地庙，财神殿。皇甫庄包殿设在村头，殿濒贺家池，于湖光水色中，其涂成黑色的庙墙十分引人注目。虽说与包黑子的黑脸相协调，但更多的是越中小民的偏爱。昔日殿前河上搭有戏台，每逢演社戏，男吊、女吊、死无常、活无常一齐上台，目莲吹奏出种种悲怆的声调。

　　包殿是敬鬼之祠庙，黑色又是冥界的代名词。鬼给人间带来的是悲怆，悲怆的心理又导致天真、直率的乡土之风。越中建筑中所表露的各种思想，以及各种思想的物化物，像原子团，无形的链键将它们紧紧地拴在一起，而这些原子团又在越中建筑中起基因作用。

　　（本文蒙东南大学朱光亚先生给予帮助，谨此致谢。）

图9-5 皇甫庄包殿
越中乡村多建包殿。皇甫庄包殿，设在村头，殿濒贺家池，于湖光水色中，其涂成黑色的庙墙十分引眼。虽说与包公的黑脸相协调，但更多的是越中小民的偏爱。

大事年表

朝代	年号	公元前490年	江南水城（越都城建成）
晋	晋永和年间	345—356年	雕凿柯岩石佛
	梁大同十一年	545年	禹庙重建
隋	隋开皇年间	581—600年	凿成羊山石佛
明	明成化十二年	1476年	戴琥立水则碑
	明嘉靖二年	1525年	南大吉拆除府河上违章建筑
	明嘉靖二十七年	1548年	兰亭重建
	明万历十一年	1583年	吕府建成
清	清同治元年	1862年	重修舜王庙
	清光绪三十一年	1905年	大通学堂开学
中华民国		1933年	秋瑾纪念碑建成
中华人民共和国		1981年	坡塘出土春秋铜屋模型

图书在版编目（CIP）数据

越中建筑／周思源撰文／钟剑华摄影. —北京：中国建筑工业出版社，2014.10
（中国精致建筑100）
ISBN 978-7-112-17024-1

Ⅰ.①越… Ⅱ.①周… ②钟… Ⅲ.①古建筑–建筑艺术–绍兴市–图集 Ⅳ.① TU–092.2

中国版本图书馆CIP 数据核字（2014）第140620号

©中国建筑工业出版社

责任编辑：董苏华 张惠珍 孙立波
技术编辑：李建云 赵子宽
图片编辑：张振光
美术编辑：赵 清 康 羽
书籍设计：瀚清堂·赵 清 周伟伟 康 羽
责任校对：张慧丽 陈晶晶 关 健
图文统筹：廖晓明 孙 梅 骆毓华
责任印制：郭希增 臧红心
材料统筹：方承艺

中国精致建筑100

越中建筑

周思源 撰文／钟剑华 摄影

中国建筑工业出版社出版、发行（北京西郊百万庄）

各地新华书店、建筑书店经销

南京瀚清堂设计有限公司制版

北京顺诚彩色印刷有限公司印刷

开本：889×710 毫米 1/32 印张：2³/₄ 插页：1 字数：120 千字
2015年11月第一版 2015年11月第一次印刷

定价：**48.00**元
ISBN 978-7-112-17024-1
　　　　（24386）